# REFLEXIONS

## SUR

# LES COMÈTES

### QUI PEUVENT APPROCHER

### DE LA TERRE.

## Par M. DE LA LANDE.

# A PARIS,

Chez GIBERT, Libraire, Quai des Augustins,
à la descente du Pont-Neuf.

M. DCC. LXXIII.

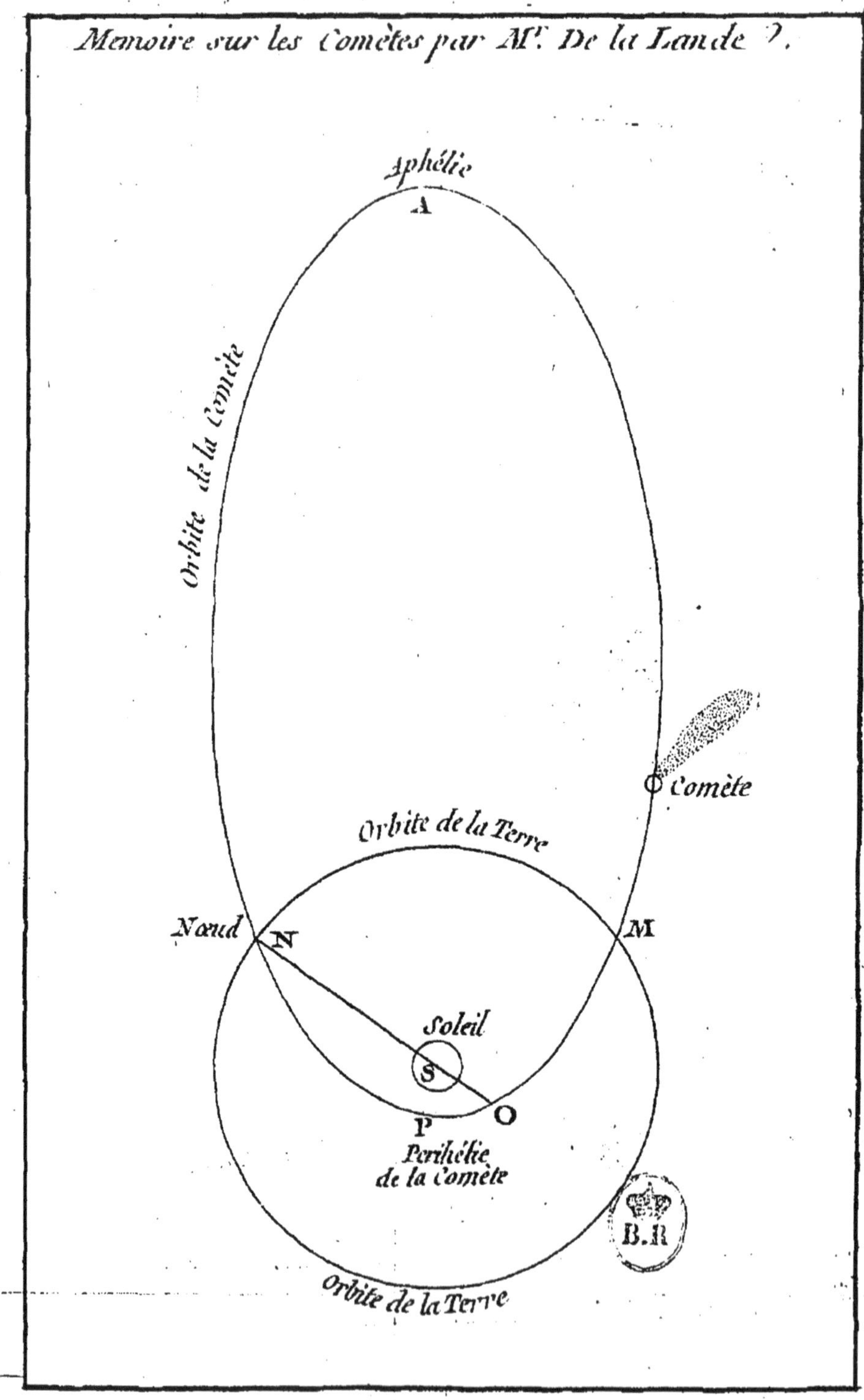

Memoire sur les Comètes par M'. De la Lande ?.
Aphélie
A
Orbite de la Comète
Orbite de la Terre
Comète
Naud
N
M
Soleil
S
O
P
Périhélie
de la Comète
B.R
Orbite de la Terre

# AVERTISSEMENT.

*CE Mémoire étoit deſtiné à l'Aſſemblée publique de l'Académie des Sciences, le 21 Avril 1773, & il faiſoit partie d'un travail plus conſidérable ſur les Comètes en général. Ce que j'avois dit à quelques Amis, du réſultat de mes calculs, a paſſé de bouche en bouche, & s'eſt accru beaucoup plus rapidement que je ne l'aurois imaginé. Bientôt on a dit que j'avois annoncé une Comète, qui dans un an, dans un mois... dans huit jours, alloit cauſer la fin du monde, &c. Ces bruits populaires ſont venus au point d'effrayer ; & j'ai cru devoir au Public une explication capable de le raſſurer : elle a déja paru en peu de mots dans la Gazette de France du 7 Mai 1773, mais cela ne ſuffiſoit pas pour me juſtifier de toutes les choſes abſurdes qu'on m'imputoit preſque* généralement à Paris, & même dans les Provinces. C'est ainsi qu'un assez petit dérangement que j'avois découvert dans le mouvement de Saturne, fit dire publiquement en 1769 que Saturne étoit perdu; on l'imprima même dans des Papiers publics. La nouvelle de cette année sembloit encore plus accréditée, elle étoit plus effrayante, & la multitude des Lettres que j'ai reçues, & des questions que l'on m'a faites à ce sujet, m'a fait juger qu'il étoit devenu indispensable de publier sans délai cette partie de mon Mémoire. On y verra que les événemens dont j'ai parlé ne sont point à redouter, parce que le nombre des combinaisons nécessaires pour les produire est immense, ainsi que le nombre des hasards qui peuvent les éloigner.

# RÉFLEXIONS

## SUR

# LES COMETES

### QUI PEUVENT APPROCHER

### DE LA TERRE.

Depuis la découverte des mouvemens & du retour des Comètes, les Physiciens ont compris qu'une multitude de corps tournans en différens plans autour du même centre, ils pouvoient quelquefois se trouver fort près les uns des autres, & occasionner des phénomènes très-singu-

A iij

liers. L'imagination a devancé la nature, & l'on a formé des syſtêmes ſur la poſſibilité des plus étranges révolutions que pouvoient cauſer des Comètes. Le ſublime Ecrivain de *l'Hiſtoire naturelle* a montré que l'état actuel du ſyſtême ſolaire pouvoit être l'effet du mouvement d'une Comète ; d'autres ſe ſont contentés d'expliquer le Déluge par la proximité d'un de ces aſtres. Whiſton, Aſtronome célèbre, publia en 1708 ſa Théorie de la Terre, dans laquelle il tâche d'établir que la Comète de 1680 a pu cauſer le Déluge 2926 ans avant l'ère vulgaire, ſoit par ſon atmoſphère condenſée ſur la Terre, ſoit en ſoulevant les eaux intérieures de la Terre, & les amenant à la ſurface. D'un autre côté, les Philoſophes qui donnent plus aux cauſes finales qu'aux combinaiſons fortuites des cauſes ſecondes, ont cru que de ſemblables révolutions ne pouvoient point arriver ; l'Ecrivain le plus univerſel & le plus beau génie de ce ſié-

cle, qui après avoir enrichi notre Théâ-
tre, & toutes les parties de la Littérature,
voulut orner la Philosophie de Newton
par les graces d'un ftyle qui étoit capable
de la faire rechercher, s'en expliquoit
ainfi il y a plus de 30 ans, écrivant même
de concert avec l'un de nos plus habiles
Géomètres.

« M. Caffini, dit-il, a trouvé que pref-
» que tous ces corps paffagers ont une
» route différente de celles des Planetes.
» On a ignoré jufqu'ici de quelle confé-
» quence font ce nouveau zodiaque & ce
» retour périodique des Comètes pour la
» confervation du genre humain. Imagi-
» nez - vous, par exemple, que ce font
» des corps fortuits qui fe trouvent par
» hafard dans notre écliptique; quel défaf-
» tre ne feroit-ce pas pour notre Terre, fi
» malheureufement elle venoit à fe trouver
» au même point ? l'idée de deux bombes
» qui crèveroient en fe choquant en l'air,
» eft infiniment au-deffous de celle qu'on

A iv

» doit en avoir. Heureusement pour nous
» on a découvert que la plûpart des Co-
» mètes, dans les nœuds de leurs orbites,
» font bien moins éloignées du Soleil que
» ne font notre Terre, Vénus & Mercu-
» re ; c'est ce qui fait toute notre sûreté,
» & qui nous fait connoître combien nous
» avons de graces à rendre à Dieu pour
» un si grand bienfait ». *Elémens de la Philosophie de Newton*, 1738, p. 381.

Le nom de Cassini est si célèbre dans l'Astronomie, qu'il inspire d'abord la plus grande confiance ; mais, dans le temps où le fameux Dominique Cassini écrivoit ses Traités sur les Comètes de 1664 & de 1680, l'on n'avoit point encore déterminé les orbites des Comètes, & l'on ne pourroit aujourd'hui rassurer l'Univers sur sa parole : c'est Newton, qui le premier en 1687, ouvrit la route de ces recherches. D'ailleurs, cette découverte sur les nœuds des Comètes eut mérité d'être vérifiée & suivie, relativement à celles qui ont paru depuis 30 ans , & qui sont en très-grand nombre.

M. Lambert , Mathématicien très-connu , s'explique à peu près de même dans ses *Lettres Cosmologiques* , ouvrage plein d'imagination d'esprit & de savoir , en parlant des dérangemens que les attractions réciproques peuvent produire. « Il » est à croire , dit-il , qu'ils ont été sage- » ment prévus & préordonnés , & que » peut-être même ils concourent à main- » tenir l'harmonie du système. En un mot , » je m'imagine que tous ces corps ont » exactement la masse , la position , la di- » rection , la vitesse qu'il leur faut pour » éviter les rencontres dangereuses ». ( *Système du Monde*. A Bouillon , 1770, p. 14. )

Enfin Whiston , que nous avons cité , dans l'édition même de sa *Théorie de la Terre* , publiée en 1737 , assure plusieurs fois qu'aucune des Comètes connues n'a pu produire le Déluge , si ce n'est la Comète de 1680 ( *pages* 189 , 467 , 471 ,

*Déluge démonſt.* p. 3 , 4. ) Ce n'étoit que par un calcul poſitif qu'on pouvoit éclaircir ces conjectures , & aucun Aſtronome ne s'en étoit occupé.

Le catalogue des Comètes qu'on a obſervées & calculées , de maniere à pouvoir les reconnoître en quel temps qu'elles reviennent, eſt actuellement de 60, y compris celle de l'année derniere , dont j'ai calculé l'orbite dans la CONNOISSANCE DES TEMPS pour 1774.

J'ai voulu ſavoir ſi dans ce nombre de 60 Comètes, il y en avoit quelques-unes dont les nœuds tombaſſent à peu près ſur la circonférence de l'orbite terreſtre , & j'ai trouvé que dans les 60 il y en a 8 qui en diffèrent aſſez peu ; enforte qu'il eſt poſſible que dans la ſuite des révolutions de la Terre & de ces différentes Comètes , il s'en trouve une qui ſe rencontrant dans ſon nœud , lorſque la Terre y paſſe , la choque ou la déplace , l'entraîne , ou en ſoit entraînée , & conſomme enfin cette grande révolution qui feroit pour le genre humain l'accompliſſement des ſiécles, la fin du monde, ou le commencement d'un nouvel ordre de choſes.

La figure jointe à ce Mémoire repréſente l'orbite de la Terre à peu près circulaire, & l'orbite très - excentrique ou très-alongée d'une Comète *, le plan de cette ellipſe paſſe toujours par le Soleil ; mais il eſt incliné ſur l'écliptique ou ſur le plan de l'orbite de la Terre ; il faut donc concevoir par le Soleil une ligne droite $NO$ qui traverſe l'ellipſe, & cette ligne marquera les deux nœuds $N$, $O$, ou les deux points de l'ellipſe par leſquels la Comète perce le plan de l'écliptique,

---

* Je n'entrerai ici dans aucune explication ſur les loix du mouvement des Comètes, & ſur la figure de leurs orbites, j'ai donné tout ce détail aſſez au long dans le 19ᵉ livre de mon ASTRONOMIE, en 3 vol. in-4. ( A Paris, chez Deſaint, 1771. ) L'on y trouve la Table de l'apparition & de tous les élémens des 60 Comètes qui ont été juſqu'ici obſervées.

pour aller du Nord au Sud, ou du Sud au Nord; la partie de l'ellipse qui est au-dessus de *NO* doit être supposée relevée un peu au-dessus du plan de la figure ou du papier que je suppose représenter le plan de l'écliptique; & tout ce qui est au-dessous de la ligne *NO*, c'est-à-dire, la partie *NPO* de l'ellipse, doit être supposé au-dessous de la figure. Si la ligne des nœuds *NO* est sujette à changer peu à peu, & que la Comète ait traversé le plan de l'orbite de la Terre fort près du point *N*, c'est-à-dire, de la circonférence même où la Terre se trouve nécessairement, la Comète peut passer précisément en *N* dans une autre révolution. Si le nœud est un peu plus haut ou plus bas, la Comète arrivée vis-à-vis du point *N* se trouvera au-dessus ou au-dessous du plan dont la Terre ne sort jamais, & le concours n'aura plus lieu. Ainsi la question se réduisoit à voir si les 60 Comètes que nous connoissons, considérées au moment où elles font à une diſtance $SN$ du Soleil, égale à celle de la Terre, ſe trouvent auſſi dans leur nœud, & par conſéquent dans le plan même de l'écliptique.

J'ai donc calculé pour chacune de ces 60 Comètes, à quelle diſtance de ſes nœuds elle peut ſe trouver, deux fois dans chaque révolution, quand elle paſſe vers $N$ & $M$ à la hauteur de la Terre, c'eſt-à-dire, lorſque ſa diſtance au Soleil égale celle du Soleil à la Terre *.

Si cette diſtance de la Comète au nœud ſe trouvoit exactement égale à zéro par le réſultat du calcul, ce ſeroit une preuve qu'il y auroit dans ce point-là une véritable interſection des deux orbites de la Comète & de la Terre ; mais il ſuffit que

---

* Suivant les calculs que j'ai faits des dernieres obſervations du paſſage de Vénus en 1769 , cette diſtance du Soleil eſt de trente-cinq millions de lieues, ou plus exactement 34761680 lieues, de 2283 toiſes chacune ; ce qui fait 12133 diamètres de la Terre. Voyez mon *Mémoire ſur le paſſage de Vénus* ; à Paris, chez Lattré, Graveur, rue S. Jacques , 1772.

la distancé soit fort petite pour mériter attention, parce qu'elle peut bientôt devenir nulle.

J'ai négligé toutes les Comètes, qui dans leur derniere apparition étoient à plus de 5 degrés de leur nœud, quand elles ont passé à la hauteur de l'orbite de la Terre ; mais j'ai reconnu que plusieurs en avoient passé fort près ; la Comète de 837 étoit à deux degrés de son intersection avec l'orbite de la Terre ; celle de 1299 à 4 degrés, celle de 1596 à 5 degrés, celle de 1618 à 2 degrés, celle de 1683 à 5 degrés, celle de 1739 à 5 degrés, enfin les Comètes de 1763 & de 1764 à un degré seulement ; je donnerai dans une autre occasion le calcul & la table de toutes ces distances pour les 60 Comètes, avec les latitudes qui en résultent.

En parlant de 60 Comètes, je ne compte que pour une seule les Comètes de 1531, 1607, 1682 & 1759, qui sont inconteſtablement une même Planete, comme on l'a vu lorſque la fameuſe prédiction de Halley, faite en 1705, s'eſt accomplie par le retour de cette Comète en 1759. Je ne compte auſſi les Comètes de 1532 & de 1661 que pour une ſeule qui reparoîtra probablement en 1789 ou 1790. Il en eſt de même encore de celle de 1264 & 1556, dont on eſpére le retour pour 1848.

Parmi les 8 Cometes dont les nœuds approchent de l'orbite de la Terre, celles de 1763 & 1764 n'étoient qu'environ à un degré de leurs nœuds; cependant elles étoient aſſez éloignées de l'écliptique, pour ne produire ſur la Terre aucun effet ſenſible, quand même la Terre ſe fût trouvée au point $N$; mais pour faire rencontrer ces deux globes, il ne falloit changer le nœud que d'un degré, puiſque dès-lors la Comète ſe feroit trouvée préciſément dans ſon nœud, & ſur le paſſage même de la Terre. Or un changement d'un degré eſt une différence qui arrive néceſſairement par le ſeul effet des attractions étrangères. Nous en voyons un exemple dans la Comète de 1759, en une ſeule période de 75 ans.

A quoi donc tenoit-il qu'une de ces Comètes ne paſſât préciſément ſur l'orbite de la Terre ? Quelques degrés d'attraction de plus, occaſionnés par la ſituation de quelques Planetes, ſuffiſoient pour produire cette rencontre, & pourroient l'occaſionner à la premiere apparition.

En effet la Comète de 1607 & de 1682, que nous avons vue reparoître en 1759 avoit ſon nœud plus avancé en 1759 de deux degrés & demi, par rapport à ſon périhélie, qu'elle ne l'avoit eu en 1607 ; & cette différence dans l'eſpace de 152 ans prouve bien que la ſituation des orbites cométaires peut être changée conſidérablement, & que celles qui n'auroient pas rencontré la circonférence de l'orbite terreſtre pourront un jour la couper.

Ainſi

Ainsi les 8 Comètes précédentes, quoique dans l'état actuel des choses elles foient à quelques degrés du nœud, quand elles font à la hauteur de la Terre, pourroient dans leur premiere révolution fe trouver fur le paffage même de la Terre.

On fait, à n'en pouvoir douter, par l'exemple de la Comète de 1759, combien les attractions feules de Jupiter & de Saturne, peuvent caufer d'altération fur le mouvement des Comètes ; la révolution de celle-ci entre 1682 & 1759, a été plus longue de vingt mois que la période précédente, & ce retardement provenoit de l'action de Saturne, qui retarda la Comète de 100 jours, & de l'action de Jupiter, qui la retarda auffi de cinq cent onze jours. Sera-t-on furpris qu'une orbite cométaire, altérée à ce point-là, éprouve un petit déplacement de 2 ou 3 degrés en une ou deux révolutions ?

La Comète fameufe de 1680, qui paffa fi près du Soleil, qu'elle fut échauffée deux mille fois plus qu'un fer rouge , n'est point du nombre de celles qui peuvent influer sur la Terre , quoique Whiston ait voulu la donner pour cause du Déluge. M. Halley observe seulement que le 11 Novembre 1680 , elle n'étoit guère éloignée que comme la Lune , c'est-à-dire , de 84000 lieues ; ( *la Théorie des Comètes, à Paris* , 1743 , *page* 69. ) Mais dans l'édition qu'il a donnée ensuite , il ajoute ces mots : *Collifionem vero vel contactum tantorum corporum ac tantâ vi motorum ( quod quidem manifeftum eft minime impoffibile effe ) avortat Deus O. M. ne pereat funditus pulcherrimus hic rerum ordo & in chaos antiquum redigatur.* Il ne paroît pas que M. Halley ait fait aucun calcul à l'égard des autres Comètes.

Si l'on a vu dans des fyftêmes ingénieux, Whiston fuppofer que la Terre ait été elle-même une Comète dans le chaos primitif d'où elle fut tirée pour être habitée , & M. de Buffon faire voir qu'une Comète a pu, en effleurant le Soleil en détacher la matiere dont nos six Planètes sont composées ; l'on me permettra facilement d'examiner un fait analogue à ce qui se passe sous nos yeux, & dont la possibilité se présente dans le résultat de mes calculs : voyons donc ce qui peut arriver à la Terre par l'action d'une seule de ces huit Comètes.

Je n'examinerai pas le cas où une de ces Comètes pourroit former autour de la Terre un anneau semblable à celui de Saturne, ou bien entraîner la Lune qui nous éclaire & qui nous suit ; devenir un Satellite de la Terre, ou forcer la Terre à devenir le sien ; d'une Comète qui, par le changement de direction qu'elle éprouveroit alors, pourroit nous entraîner dans le Soleil, ou s'en éloigner à jamais pour aller parcourir d'autres systêmes & d'autres mondes ; tout cela s'est déja présenté à l'imagination hardie de quelques Physiciens célèbres. Je ne parlerai pas même du choc de la Comète contre la Terre, qui confondroit les élémens, qui changeroit la durée des jours & des années, qui mettroit les mers à fec, inonderoit des continens, tranf-porteroit notre Atmofphère d'une partie de la Terre à l'autre; & changeant la direction de la pefanteur, renverferoit les monta-gnes; enfin qui feroit une feule Planète de deux, en détruifant peut-être l'une & l'au-tre. Le choc de ces deux corps fuppofe une coïncidence fi précife des deux orbi-tes, qu'on ne peut la regarder que comme infiniment rare & difficile; mais il eft un événement qui rentre bien davantage dans l'ordre des poffibilités, c'eft de voir une de ces Comètes approcher feulement à la diftance de quelques diamètres de la Terre, comme de douze à treize mille lieues: voyons quelles feroient les conféquences de ce rapprochement; le phénomène du flux & du reflux de la mer doit néceffai-rement y entrer.

La Lune étant 70 fois moindre que la Terre, produiroit à la diftance où elle eft, 70 pieds de marée, fi elle étoit feulement auffi groffe que la Terre : je fuppofe même que la Lune dans fon état actuel, ne produife qu'un pied de marée ; c'eft ce qui réfulte des obfervations qui ont été faites à l'Ifle de Taïti, dans le milieu de la mer du Sud, c'eft-à-dire, dans la mer la plus ouverte & la plus libre qu'il y ait fur notre globe. C'eft-là le feul endroit où l'effet de l'attraction lunaire ne foit point augmenté par le refferrement des terres, l'enfoncement des golfes, ou la réflexion des côtes oppofées, ainfi qu'à Saint-Malo où ces circonftances produifent jufqu'à 46 pieds de marée. On avoit cru jufqu'à préfent que la Lune feule pouvoit produire 6 pieds de différence dans les mers libres, mais les nouvelles obfervations ont fixé nos idées fur la force réelle & abfolue des attractions du Soleil & de la Lune, en nous la montrant beaucoup moindre.

Ne fuppofons donc qu'un pied de marée dans l'état actuel ; la Lune en produiroit

70, si elle étoit aussi pesante & aussi massive que la Terre, & toujours à la même distance qui est de 58 demi-diamètres terrestres, ou de 84 mille lieues.

Il en est des Comètes ainsi que des Planètes que nous connoissons ; il paroît qu'il y en a de plus grosses que la Terre, qu'il y en a de plus petites, & que d'autres lui sont à peu-près égales. Concevons qu'une semblable Planète se rapproche à 13 mille lieues de nous ; la force attractive réduite à la direction du centre de la terre, augmente en raison inverse du cube de la distance (ASTRONOMIE, art. 3444,) il suffiroit donc que la Comète fût cinq ou six fois plus près que la Lune, ou plus exactement à treize mille lieues de distance, par rapport à la Terre, pour produire une marée de trois mille toises ; cela feroit deux mille toises d'élévation au-dessus du niveau naturel des eaux, car la mer monte du double de ce qu'elle descend, par rapport au terme fixe qui auroit lieu sans ces at-

tractions étrangeres. ( ASTRONOMIE art.
3598.)

Dans cet état les eaux de l'Océan seroient tirées de leurs abymes par l'attraction
de la Comète, & transformées en un corps
ovale à peu-près elliptique, dont le grand
axe auroit six mille toises de plus que le
petit axe, & seroit dirigé vers la Comète, & vers le point opposé ; telle est du
moins la forme que démontre M. Ber-
noulli dans le Mémoire qui partagea le
prix de l'Académie en 1741, sur l'explication du flux & du reflux de la mer. Cet
effet est indépendant de l'applatissement
du Globe, qui est commun à la Terre &
à la Mer ; il ne s'agit ici que de l'excédent
qui seroit produit par la Comète.

Sans parler du mouvement diurne de
la Terre, qui promene la marée en douze heures, autour de notre Globe, le
mouvement de la Comète seroit alors si
rapide, qu'en moins d'une heure, elle
auroit dominé perpendiculairement sur un

tiers de la Terre , auroit fait tourner la marée prefque tout-autour de notre Globe; & noyé , peut-être , les Continents des quatre Parties du Monde. Les plus hautes montagnes où les hommes aient des habitations , qui font celles de dix-huit cent toifes , même dans la Zone Torride , feroient plongées dans ces flots fufpendus fur nos têtes ; & dans l'efpace de quelques heures , toute la circonférence de la Terre feroit peut-être enveloppée dans cette fubmerfion.

Il eft vrai , que fuivant la théorie des marées , l'élévation des eaux ne commenceroit qu'à 54 degrés du fommet , c'eft-à-dire , au point où fe fait l'interfection d'un cercle & d'une ellipfe , de même fuperficie. Ainfi , les parties éloignées de la route apparente de la Comète , pourroient échapper à ce déluge , pourvû que les ofcillations du reflux ne s'étendiffent pas jufques-là.

D'ailleurs , les ravages de la Mer feroient précédés par des ouragans , dont nous n'avons aucune idée , mais que la Comète & les eaux produiroient à la fois. Ces tempêtes renverseroient les Villes , & dévasteroient les Campagnes, & seroient les avant-coureurs du dernier fléau de la Nature.

J'ai peine à croire que les plus grands vaisseaux pussent résister à des tempêtes & à des marées si violentes ; mais s'il restoit quelque espérance de conservation pour l'espéce humaine , dans un tel événement , ce seroit pour un petit nombre de navigateurs. La marine , qui fait aujourd'hui la gloire & la puissance des Empires, seroit-elle destinée à sauver encore le genre humain ? Quoi qu'il en soit , ce grand Art ajoute tant aux bienfaits de la Nature envers les hommes , qu'il n'a pas besoin de cette considération pour être digne de nos plus grands efforts.

Il n'est pas nécessaire , pour former cet ellipsoide aqueux , de supposer avec Whiston, que les abymes souterrains s'ouvrent ,

& que la croûte terreftre fe fende. Il pa-roît fort douteux qu'il y ait des eaux dans l'intérieur de la Terre, à une très-grande profondeur ; mais le lit de la Mer contient affez d'eau pour couvrir les montagnes. MM. de Verdun, de Borda, & Pingré, dans le dernier voyage fait en Amérique, à l'occafion des Montres marines, ont fait fonder en Mer, & des lignes de 1200 braffes ou de 1000 toifes, n'ont pas fuffi pour trouver le fond, quoique ce ne fût qu'à 20 lieues de la Côte d'Afri-que : la profondeur de la Mer égale pro-bablement la hauteur des montagnes, & pourroit fournir de quoi fubmerger les trois grands Continens, qui ne font pas un tiers de la furface de notre Globe.

La diftance que j'ai évaluée à treize mille lieues, pour produire une marée de 2000 toifes, au-deffus du niveau, fe trou-vera moindre, & la poffibilité de l'évé-nement augmentera, fi l'on fuppofe une Comète ou plus denfe, ou plus groffe que la Terre. Suppofition qui eft encore fort naturelle : car, fi l'on fait attention, comme le dit M. de Buffon , « à la fixité & à la » folidité de la matière , dont les Comètes » doivent être compofées pour fouffrir, fans » être détruites , la chaleur inconcevable » qu'elles éprouvent auprès du Soleil ; & » fi l'on fe fouvient en même temps qu'elles » préfentent aux yeux des Obfervateurs , » un noyau vif & folide , qui réfléchit for- » tement la lumiere du Soleil , à travers » l'atmofphère immenfe de la Comète , qui » enveloppe & doit obfcurcir ce noyau, » on ne pourra guère douter que les Co- » mètes ne foient compofées d'une matière » très-folide & très denfe , & qu'elles ne » contiennent , fous un petit volume, » une grande quantité de matiere » : ( *Hift. Naturelle* , Tom. 1 , pag. 200. )

Les Planètes font d'autant plus denfes, qu'elles font plus près du Soleil , & qu'el- les ont à fupporter une plus grande cha- leur ; la Terre eft quatre fois plus denfe que Jupiter qui eſt cinq fois plus éloigné du Soleil ; les Comètes, en ſuivant cette loi, ſeroient encore plus denſes. La Comète de 1680, échauffée 2000 fois plus qu'un fer rouge, ſeroit 28000 fois plus denſe que la Terre, ſi l'on ſuppoſoit, avec M. de Buffon, que cette denſité doive être proportionnelle à la chaleur que les Planètes doivent ſubir. Ainſi, l'on peut croire qu'une Comète ſans nous approcher de plus près que 13 mille lieues, pourroit y produire une marée totale de plus de 3000 toiſes, & cauſer tous les ravages dont je viens de parler.

Si la diſtance n'étoit que de 15 mille lieues, la marée ne monteroit que de 1391 toiſes au-deſſus du niveau, & les grandes chaînes de montagnes échapperoient par leur hauteur à la ſubmerſion du reſte des Continens.

Telles ſont les ſuites qu'on entrevoit dans le concours d'une Comète avec la Terre, aux environs du nœud ; mais auſſi nous voyons que le danger feroit bientôt paffé, & dès-lors il diminue beaucoup.

En effet, la Terre parcourt, dans fon orbite, fix cent mille lieues en un jour ; par-conféquent, elle ne peut être qu'une heure de temps à la diftance que je viens d'affigner pour la Comète ; or, l'inertie des eaux eft probablement trop grande, pour qu'en une heure de temps elles puffent être portées à une fi grande élévation. On craindra, peut-être, qu'une impreffion auffi violente ne continuât à s'exercer même après que la caufe feroit paffée, & que le reflux d'une fi terrible marée ne produisît fur le refte de la Terre, à peu près les mêmes ravages qu'auroit produits l'élévation même des eaux dans les parties de la Terre qu'elles auroient furmontées ; mais tout cela eft douteux, & nous laiffe de quoi nous raffurer en partie fur de pareils événemens.

D'ailleurs, il y a beaucoup à parier, contre toutes les circonftances néceffaires à de pareils événemens. 1°. Il eſt difficile que la coïncidence exacte du nœud qui n'eſt que paſſager, ſe trouve arriver dans le temps où la Comète y paſſera. 2°. En ſuppoſant que cette coïncidence y ſoit, ces deux Planetes dont les orbites ſe coupent exactement ſe rencontreront difficilement à la fois dans le point d'interſection. Par exemple, la Terre n'ayant que 17 ſecondes de diametre, vue du Soleil, ſuivant les dernieres obſervations, elle n'occupe que la 76 millieme partie de la circonférence de ſon orbite. Suppoſons qu'une Comète traverſe préciſément l'orbe de la Terre, il y a, pour le moment où elle ſe trouve dans le nœud, 76 mille contre un à parier, que la Terre ne ſe trouvera pas dans un point de ſon orbite où elle puiſſe être frappée.

La diſtance de treize mille lieues, à laquelle j'ai dit que la Comète pouvoit ſubmerger une partie de la Terre, eſt compriſe ſeize mille fois dans la circonférence de l'orbite terreftre ; ainfi , il y auroit environ huit mille contre un d'efpérance , même à chaque fois que la Comète pafferoit dans fon nœud , & précifément fur la circonférence de notre orbite. Mais de plus , ces paffages font bien rares , puifque les révolutions de chaque Comète exigent un ou plufieurs fiécles , & qu'il peut fe paffer des milliers de révolutions, fans que les nœuds fe trouvent placés dans l'endroit où nous les fuppofons.

- On ne peut donc regarder ces événemens & ces dangers que comme des poffibilités , qui ne fauroient entrer dans l'ordre moral des efpérances ni des craintes. Les Tables de mortalités nous apprennent qu'il meurt une perfonne à toutes les fecondes, ou 3600 par heure , fur la furface de la Terre , peuplée d'environ mille millions d'habitans ; mais perfonne de nous ne craint de mourir dans un heure , parce qu'il y a 277800 contre un à parier, pour chaque individu , qu'il ne fera pas du nombre.

Les poffibilités dont je viens de parler, font encore plus éloignées; & l'on peut dans l'ordre moral les regarder comme nulles.

Nous ne pouvons pas efpérer que jamais il foit poffible d'en prédire le temps, parce qu'il y a un trop grand nombre de Comètes qui peuvent agir fur chacune de celles que l'on voudroit prédire, & peut-être même ne pourra-t-on jamais affurer que telle Comète rencontrera la Terre.

Lorfque M. Clairaut entreprit d'annoncer plus exactement le retour de la Comète de 1682, d'après les Tables que j'avois calculées, de fa diftance à Jupiter & à Saturne, & des forces attractives de ces deux Planètes pendant 150 ans, il fe trouva un mois d'erreur dans le réfultat. Je n'avois pu faire de femblables calculs pour les attractions des autres Planètes, encore moins pour celles de toutes les Comètes que nous ne connoiffons pas, & que peut-être les hommes ne connoîtront jamais. Saturne même a éprouvé,

fous

ſous nos yeux, un dérangement extraordinaire de plus d'une ſemaine, que j'ai
obſervé & démontré. ( *Mémoires de l'Académie 1765.* ) Mais nous en ignorons
la cauſe, & je ne puis l'attribuer qu'à des
attractions de Comètes.

De ſemblables inégalités doivent être
bien plus ſenſibles dans les Comètes ellesmêmes, qui vont à des diſtances énormes
du Soleil, puiſque la plus voiſine de toutes, celle de 1759, s'en éloigne juſqu'à
1236 millions de lieues. A de pareilles
diſtances, la force centrale qui les retient
vers le Soleil eſt ſi foible, que la moindre
attraction peut influer ſur le moment de
leur retour à l'orbe de la Terre. Cependant nous avançons de ſix cent mille lieues
par jour dans notre orbite; ainſi une demiheure de plus ou de moins ſur l'arrivée
de la Comète, peut contredire toutes les
prédictions que l'on auroit faites, & rendre indifférens les retours qu'on auroit crus
funeſtes; ſans que nous puiſſions d'avance

le prévoir. Je doute même qu'après des fiécles d'obfervations & de calculs, les Aftronomes puiſſent déterminer les périodes & les retours de toutes les Comètes avec toute la précifion néceſſaire pour ces fortes de prédictions : nous ne connoîtrons jamais tous les élémens qui doivent entrer dans ces calculs. Ainfi l'objet de ce Mémoire étoit feulement de faire voir que la chofe eft poſſible, & qu'elle eft dans l'ordre naturel du fyftême folaire.

Cela rappelle néceſſairement à un Phyficien l'idée des révolutions qui ont déja bouleverfé autrefois notre Globe, dont la tradition paroît avoir exifté il y a plus de 4000 ans, & s'eft tranfmife jufqu'à nous ; & dont les traces fe retrouvent encore fur les Montagnes *, comme dans le fein de la Terre.

Tout cela pourroit naturellement s'ex-

---

* M. de Luc nous dit, dans fon excellent Ouvrage *fur les modifications de l'Atmofphère*, qu'il a trouvé une corne d'Ammon à 1300 toifes de hauteur.

pliquer par le choc ou la proximité de quelqu'une de ces Comètes, s'il nous étoit permis de chercher dans les caufes fecondes l'explication des faits qui font d'un ordre fupérieur.

M. de Maupertuis, dans fa Lettre fur la Comète de 1742, confidérant l'extrême chaleur que celle de 1680 avoit contrac-tée vers le Soleil, femble croire comme Whifton, que fi la Comète eût paffé près de la Terre, elle l'auroit réduite en cen-dres, ou l'auroit vitrifiée, & que fi fa queue feulement nous eût atteints, la Terre eût été inondée par des exhalaifons brû-lantes & deftructives ; je comprens que la Terre pourroit également finir ainfi par le feu d'une Comète embrâfée ; mais celle de 1680 ne peut pas, dans l'état actuel de fon orbite, paffer affez près de la Terre, & les huit Comètes qui font le principal objet de mon calcul, ne paffent point affez près du Soleil pour s'y échauffer jamais à ce point-là. C'eft donc l'eau qui me paroît jufqu'à préfent le feul fléau que la Terre puiffe éprouver aux approches d'une Comète, & ce danger eft bien moindre que celui d'une conflagration univerfelle.

Entre les 52 Comètes que je ne cite point ici, comme pouvant rencontrer la Terre, il y en a encore 44 qui feront elles-mêmes dans ce cas-là par la fuite des temps, puifque l'attraction mutuelle de tous les Corps céleftes change perpétuellement les nœuds de toutes ces Comètes. Celles dont les nœuds font actuellement les plus éloignés de la circonférence de l'orbite terreftre, y arriveront dans la fuite des fiécles, & ameneront la poffibilité des révolutions dont je parle; mais les Comètes dont on pourroit craindre actuellement quelque défaftre, cefferont à leur tour d'être dans ce cas-là. On voit affez que de pareils changemens ne peuvent s'opérer que dans des milliers de fiécles, fur lefquels nous voudrions inutilement étendre nos calculs. Je n'ai voulu parler ici que des Comètes dont le danger est moins éloigné ; c'est-à-dire, pourroit avoir lieu à leur premiere ou à leur seconde apparition.

Il y a huit Comètes, parmi les 60 que nous connoissons, qui ne peuvent parvenir à l'orbite de la Terre, parce qu'elles l'environnent extérieurement, c'est-à-dire, que leur distance périhélie est plus grande que celle de la Terre au Soleil. Mais combien d'autres Comètes qui sont encore inconnues ? Si depuis 15 ans qu'on observe les Comètes avec plus d'attention, l'on en a vu jusqu'à 15 , il est probable qu'il en existe dans le système solaire plus de trois cent ; en effet, l'on peut supposer les révolutions des Comètes de trois siécles, plus ou moins, à en juger par trois ou quatre qui sont connues.

M. Lambert, après avoir discuté cette question, pense que c'est mettre les choses fort au rabais, que de supposer seulement

trois cent Comètes viſibles ; « il y a lieu
» de croire, dit-il, que le nombre va à
» quelques milliers, & une évaluation très-
» modique fera mouvoir dans notre ſyſtê-
» me pour le moins cinq cent millions de
» Comètes », ( *Syſtême du Monde*, p. 49
& 78 ; ) ſans parler des Comètes qui n'ap-
partenant à aucun ſyſtême particulier, ap-
partiennent à tous, & ſe promenant ſans
ceſſe de monde en monde, font peut-
être le tour de l'Univers. Je trouve les
conjectures de M. Lambert ſur ce grand
nombre de Comètes, trop vagues & trop
haſardées, quoiqu'ingénieuſes & ſavantes ;
je préfère l'évaluation de trois cent Comètes, qui me paroiſſent pouvoir exiſter
vraiſemblablement dans notre ſyſtême ſolaire ; ſi l'on en ſuppoſe trois cent, il en
peut venir à peu près une chaque année,
& puiſque la huitième partie de celles que
nous connoiſſons, peut approcher de la
Terre, il peut y en avoir 40 dans ce cas-là.
Dès-lors tous les 7 ou 8 ans il y en au-

roit une des 40 que nous pourrions avoir à craindre. Mais quand même l'on suppoferoit que les nœuds de toutes ces Comètes feront exactement & rigoureufement placés fur l'orbe de la Terre, la première fois qu'elles reparoîtront, ce qui eft dans un ordre de poffibilité prodigieufement éloigné, il y auroit encore 64 mille contre un à parier pour une année, qu'une de ces Comètes n'approcheroit pas de 13 mille lieues de la Terre.

Il feroit facile de fuivre les mêmes calculs pour chacune des Planètes que nous connoiffons, & qui peuvent être rencontrées comme la Terre, par des Comètes; on trouveroit peut-être dans quelques-unes de ces orbites des interfections plus voifines de leurs circonférences; alors on verroit augmenter confidérablement la probabilité ou la poffibilité du choc entre les maffes énormes qui roulent fur nos têtes. C'eft ainfi que l'ordre des mouvemens céleftes, tout admirable qu'il eft, femble

renfermer dans lui-même une caufe im-
médiate, naturelle & néceffaire des plus
énormes révolutions.

---

## APPROBATION.

J'AI lu, par ordre de Monfeigneur le Chancelier, un
Manufcrit, intitulé : *Réflexions fur les Comètes qui peuvent approcher de la Terre* ; & je n'y ai rien trouvé qui
puiffe accréditer les terreurs conçues fur l'action prochaine
d'une Comète. Il m'a paru au contraire propre à les calmer,
en faifant voir que l'événement redouté, quoique dans l'ordre des poffibles, eft de cet ordre de poffibilité auquel il
eft d'ufage à tout être raifonnable de ne faire aucune attention, vu fon éloignement, fuivant les loix de la probabilité.
A Paris, le 8 Mai 1773.

MONTUCLA, Cenfeur Royal.

---

De l'Imprimerie de CHARDON, rue Galande.